水生野生动物科普系列

你好，长江江豚 中册

周晓华　主　　编
高宝燕　执行主编

中册主编：杨　樱

中国农业出版社
北　京

《你好，长江江豚》
编 委 会

主　　任：李彦亮　中国野生动物保护协会水生野生动物保护分会会长
副 主 任：李　炜　长江日报教育传播院院长
委　　员：周晓华　张秋云　高宝燕　周　锐　张新桥　张先锋　郝玉江
　　　　　常　英　占　丽　段　敏　邓晓君

主　　编：周晓华
执行主编：高宝燕
副 主 编：王继承

手　　绘：罗冉璟
视觉设计：浦高歌
装帧设计：王春旭
工作人员：林　杉　何诗雨

《你好，长江江豚》（中册）

主　　编：杨　樱
编写人员：杨　樱　鄂燕华　刘红霞　成　英　黄　瑶

感谢李碧武、李佳、万昱对本书的大力支持！

前言

　　长江流经青藏高原、云贵高原、四川盆地再到长江中下游平原，生态类型齐全，是世界上水生物种最多的河流之一，是淡水鱼生儿育女、长大成才的好水乡。

　　长江江豚（简称江豚）是长江水生生物食物链中的顶级物种，也是长江生物多样性状况的重要指标物种。

　　这本书的主角是一只可爱的长江江豚，名叫江小豚，让我们跟随它一起认识江豚家族的伙伴，和它一起体验长江生态环境的变迁，聆听它们的心声，共同建设万物和谐的家园！

　　让我们一起走近长江江豚，了解Ta吧！

目录

第三章　命运共同体

第四章　江豚趣味知识

我是江小豚，
今年春天，我和妈妈一起回到了老家——江豚湾。

江豚湾地处鄱阳湖余干县康山大堤水域，是赣江、信江、抚河的三江交汇处。这里杨柳依依，水鸟戏浪，风景秀丽。

美丽的江豚湾

　　这里的水清清的、绿绿的、深深的，水位最低时也有20余米，水中还有许多可供我们食用的鱼虾，真是一个好地方。

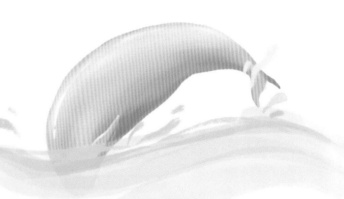

我一出生，
妈妈就陪伴在我身边，
教我各种各样的本领。

跳水、潜水、扎猛子、吐圈圈……

来到江豚湾，我最喜欢和小伙伴们一起畅游，运动使豚快乐嘛！当然，这也是我们相互学习技能的时候。

又到了畅游时间，
我把身体探出水面直立。
表演了水中急停，
妈妈说这个造型很酷！

我深吸一口气，潜入清澈的水中，在水波的包裹中快速扭动身体，偶尔来个转体、跳跃。这时额头接收到了信号，哇，前方有食物！

"呼——呼——呼——"，鱼儿们，我们来啦！我上下摆尾游过去，掀起阵阵浪花，鱼儿们东游西窜慌不择路……

刹那间，一只白色的东方白鹳从空中猛地扎入水中，叼住一条小鱼，随即又穿出水面，飞向空中。

咦，你这河蟹不怕我，还敢耀武扬威举钳子？

今儿真高兴，我江小豚吃饱喝足玩得真高兴！

"小伙伴们，我们游到通江口，再游回来吧！"

"好嘞，来比试比试！"

嗖——话音刚落，小伙伴们就冲了出去。大家在湖水中快乐嬉戏。

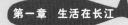

在水底畅游时，湖底一群刀鲚像一把把银色小刀，见到我们拼命狂奔。

再远处，几条胭脂鱼正在热烈地争论。小的胭脂鱼体高而侧扁，呈三角形，体侧有3条宽黑色横带；大的胭脂鱼身上绯红的色条真鲜艳，难怪被称作"亚洲美人鱼"。

"加油，加油！"
水底一只身型庞大的中华鲟威风凛凛地大声助威！

"我要追上你！我要追上你……"我心中
好像有个声音在鼓励着自己快速向前。

加油！

加油！

不一会儿，水浑浊起来。我的心一惊，赶忙掉头。

"我们可不想让爸爸妈妈担心。"

妈妈常说，住在江豚湾的豚宝，可都是幸运儿。
长大后的江豚，都要和爸爸一样到大江里乘风破浪。

　　在大江里，江豚的生存环境面临着越来越大的挑战：有渔民为了捕鱼，不择手段，布下了很多定置网。爸爸说，它亲眼目睹江豚伙伴被渔网缠住，拼命挣扎却越缠越紧，差点晕死过去，幸好被好心人发现了，剪断渔网帮伙伴脱了险。

我爱我的家

　　"爸爸，刚才我游到通江口了，小伙伴们都没有我游得快！"一到家，我得意地跟爸爸报告。

　　"哟，没有迷路，我的江小豚越来越棒了！"爸爸笑着说，"不过，外出玩耍，可一定要注意安全啊。"

爸爸老早就告诉过我，长江主航道上航运繁忙，有忙忙碌碌的船只，轰轰隆隆的螺旋桨声……

水下声音可大了，江豚之间接收不到伙伴们的声波，很容易迷路；船只运行中，高速旋转的螺旋桨锋利无比；还有一些工厂的污水直接排到长江里；挖沙船毁坏水下各种生物的家园……

一想到这里，我的心一紧，不禁打了个哆嗦。

"知道了，爸爸，以后外出，我会躲避危险保护好自己的。"

但好在这几年里，人类正在努力保护着长江里的居民们。

因此，就有了我们熟悉的江豚庇护所，我们江豚湾就是其中之一。

"人类已经把江豚湾保护起来了呀！难怪在江豚湾没有发现捕捞网具，鱼类资源也非常丰富。"

我接着问："那其他的庇护所有哪些呢？"

 ## 江豚庇护所有哪些？

自然
保护区

① 湖北长江天鹅洲白鱀豚国家级自然保护区

② 湖北长江新螺段白鱀豚国家级自然保护区

③ 湖北监利何王庙长江江豚省级自然保护区

④ 湖南岳阳市东洞庭湖江豚市级自然保护区

⑤ 湖南华容集成垸长江江豚省级自然保护区

⑥ 江西鄱阳湖长江江豚省级自然保护区

⑦ 安徽安庆江豚省级自然保护区

⑧ 安徽铜陵淡水豚国家级自然保护区

⑨ 江苏南京长江江豚省级自然保护区

⑩ 江苏镇江长江豚类省级自然保护区

"人类在江豚集中分布的区域建立了自然保护区，另外还在一些适应我们生活的、相对封闭的水域建立了迁地保护场所，让我们安家。"

爸爸说："等妈妈生了豚宝宝，家里的新成员长大了，我们就去畅游长江，去拜访其他亲朋好友们。"

迁地保护场所

① 湖北长江天鹅洲故道水域

② 湖北监利何王庙/湖南华容集成垸长江故道水域

③ 安徽安庆西江长江江豚迁地保护基地

④ 安徽铜陵夹江江豚迁地保护基地

⑤ 湖北老湾长江江豚适应性训练实验站

爸爸说，很久以前，我们江豚部落成员众多。

现在只剩下1 000多头了。

当年的长江可热闹了，长江里有"千斤腊子万斤象"。

千斤腊子指的就是中华鲟，万斤象指的就是白鲟。

它们可都是长江里的庞然大物。

可现在，好久都没见到白鲟了。

 # 江豚的伙伴们

白鲟

又名中国剑鱼，栖息于长江干流的中下层，其吻部长，状如象鼻，属于国家一级保护野生动物，被世界自然保护联盟濒危物种红色名录（IUCN）列为灭绝（EW）。

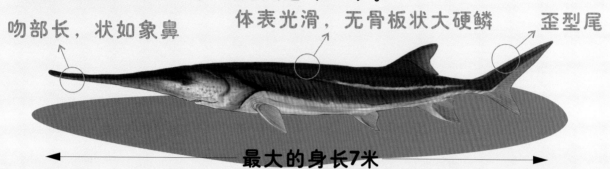

吻部长，状如象鼻　　　体表光滑，无骨板状大硬鳞　　　歪型尾

最大的身长7米

中华鲟

一种大型海、河洄游性鱼类，被称为"长江鱼王"。生活于大江和近海中，性成熟后溯游到江河内繁殖，和恐龙生活在同一个时期，属于国家一级保护野生动物。

眼睛很小，天生近视　　　全身有五行骨板　　　歪型尾

最大的身长5米左右

长江鲟

又名达氏鲟，是淡水定居性鱼类，长江独有鱼种，国家一级保护野生动物。生长在我国金沙江下游和长江上游及各大支流，被世界自然保护联盟濒危物种红色名录（IUCN）列为野外灭绝（EW）。

吻较短，呈钝圆形　　　骨板间的皮肤上有颗粒状细小凸起，触摸粗糙

最大的身长可超过2米

　　"爸爸，同样在长江，为什么说江豚保护区内是安全的呢？"我问道。

　　"孩子，你看这些标识，保护区内禁止捕捞作业、禁止挖沙、禁止排污。这里，还有专门的人员巡护，都是为了保护我们。"

　　"那么，自然保护区与迁地保护场所有什么区别呢？"

　　"自然保护区是指在长江江豚活动相对集中的自然水域划定的保护区。迁地保护场所是指在与长江完全隔离或半隔离的水域中，如长江故道、湖泊、水库等，将江豚迁入其中进行迁地保护的区域。迁地保护场所内完全没有危害我们江豚的活动行为，是比自然保护区还要安全的场所。"

　　我似懂非懂地点点头。我心想，真希望所有江豚都生活得越来越好，真期待中华鲟、长江鲟这些大个子小伙伴们越来越多，真想和更多的长江小伙伴们开心畅游、愉快嬉戏。

自然保护区

是指在长江江豚活动相对集中的自然水域划定的保护区。

迁地保护场所

是指在与长江完全隔离或半隔离的水域中，如长江故道、湖泊、水库等，将江豚迁入其中进行迁地保护的区域。

666
666
666
666
666
666
第二章　我的大家族

豚类大家族

这几天，江豚湾里可热闹了，因为我的妹妹江小丫出生了。
妈妈哺育小豚最辛苦。

看着它跌跌撞撞挨着妈妈游泳和吃奶，我乐开了花。我围绕着妈妈和妹妹转圈圈，心里直感叹：妹妹真可爱啊！

撒花花

撒花花

爸爸更是乐得嘴都合不拢，忙着跟各地的亲朋好友发信息，报告这个好消息。

喝彩　　恭喜呀

虽然生活在长江的江豚数量不多，但收到信息的亲戚们不断给我们发送祝贺的声波，大家一起分享这份幸福。

爸爸收到很多贺信，但爸爸眼神有些落寞。我问爸爸，"爸爸，收到大家的祝贺，您为什么显得不高兴呢？"

爸爸把我搂在怀里，轻抚着我的背说，"儿子啊，爸爸多希望能等到一个亲戚的贺信，但一直没等到……"

我一下就来了精神："哦，是哪个亲戚？我见过吗？我认识吗？"

"爸爸，您快给我们讲讲。"

"那个亲戚叫白鱀豚，也是我们在长江的远亲！"爸爸说。"我们江豚虽然也经历着各种困难，但有这么多人关心和帮助，我们的生活越来越好。可他们（白鱀豚）就不一样了，听长辈们回忆，1980年白鱀豚总数为400头左右，1990年已不足200头，1995年下降到不足100头。"

2000年8月在上海江段发现一头搁浅死去的白鱀豚，此后再也没有发现白鱀豚的身影。

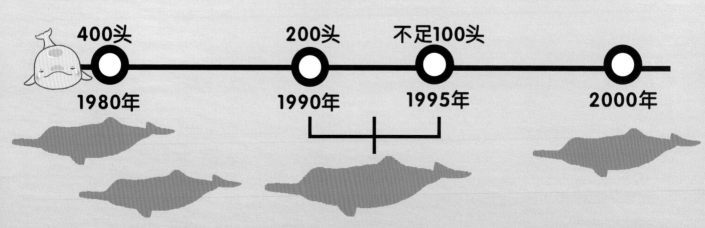

　　清代小说家蒲松龄写的《聊斋志异》中《白秋练》的故事主角就是美丽聪慧的白鱀豚化身。

　　白鱀豚又叫"白旗"，背呈淡蓝灰色，吻细长，头圆颈短，身体呈流线型，形态优雅。

　　"哦，原来白鱀豚就是传说中的仙女姐姐啊！

　　那白鱀豚都到哪里去了呢？"我问道。

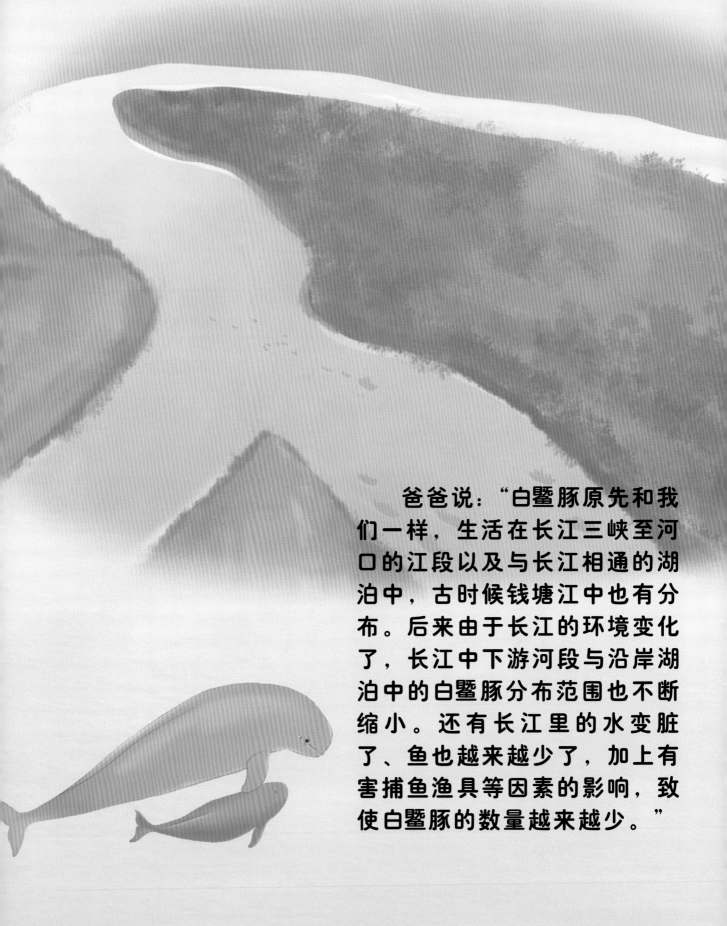

爸爸说："白鱀豚原先和我们一样，生活在长江三峡至河口的江段以及与长江相通的湖泊中，古时候钱塘江中也有分布。后来由于长江的环境变化了，长江中下游河段与沿岸湖泊中的白鱀豚分布范围也不断缩小。还有长江里的水变脏了、鱼也越来越少了，加上有害捕鱼渔具等因素的影响，致使白鱀豚的数量越来越少。"

 # 江豚杀手

违规渔具

小鱼看见地笼里的饵料后进入，江豚尾随小鱼也游进去，最终被困在里面窒息死亡。

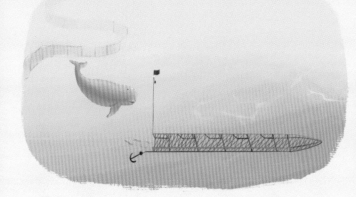

采砂

大面积的挖沙破坏江豚的栖息环境，江豚误入沙坑，在枯水期容易被困住饿死在沙坑里。

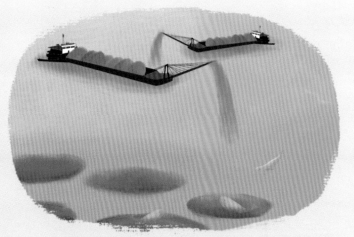

繁忙的航运

高密度的航运造成江豚被螺旋桨打死打伤。

污水

污水排放入江，许多污染物进入江豚体内，影响它们的健康。

2006年11月，来自6个国家的世界一流鲸豚类专家对白鱀豚进行了为期47天的全面考察，没有发现白鱀豚的踪迹，2007年，白鱀豚被宣布功能性灭绝。

"功能性灭绝？"我疑惑不解。

"这是说白鱀豚种群数量太稀少了，已经没有办法繁衍下去了，最终会走向灭绝。"爸爸的声音中带着浓浓的感伤，另一边的妈妈也轻轻叹了一口气。

时间在水中似乎凝固了几秒钟。

"大家别难过了，现在环境在一天天变好，你看我们日子过得越来越有奔头，我相信，有那么一天，白鱀豚会再次回来。"爸爸努力让自己的声调轻松起来，既是在安慰妈妈，又是在给自己希望。

远房亲戚

"儿子，我们还有两家'远房亲戚'，不知道之前跟你聊过没？"妈妈开始转换话题。

妈妈说，"一家亲戚叫印太江豚，住得离我们非常远，分布在印度洋西部与东部、太平洋中西部，它们对沙地或软床地区海域有强烈的偏好。当然了，它们也能在大小河川的下游等淡水中生活。自祖先分离后就再也没有往来了。"

"它们个子比我们高、数量也比我们多。"妈妈补充道。
"哦，那另外一家呢？"我来了兴趣。

"还有一家叫东亚江豚，分布在我国台湾海峡以北的沿岸海域，包括台湾西部沿海（主要是马祖列岛和金门群岛），在我国东海、渤海、黄海，以及韩国、日本海域均有分布。它们喜欢生活在有岩石和强大潮流的浅海水域。这支亲戚和我们长江江豚关系较近，有时还能在长江口碰个面呢。"

"那我也有机会碰到它们吧？"我心中忍不住雀跃期盼。

"当然！它们肯定也会很喜欢你的，我的乖宝贝！"妈妈满眼温柔地对我说。

"太好了，我要快快长大，游得更远，到长江口见见'远房亲戚'东亚江豚。"我心中默默念着。

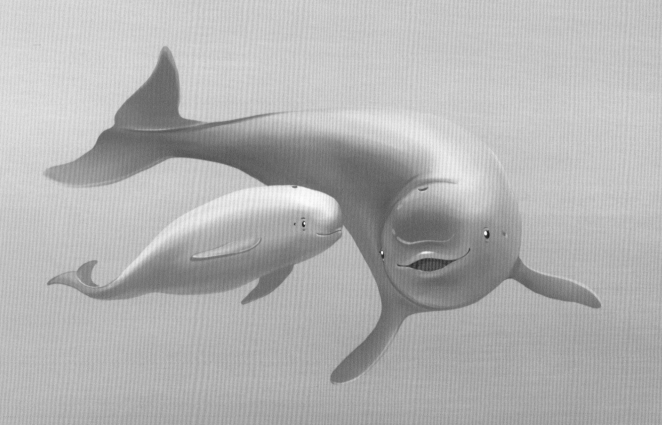

印太江豚/宽脊江豚

背部中间疣粒区宽，有许多棘状小结节，形成纺锤形。

（生活在海洋）

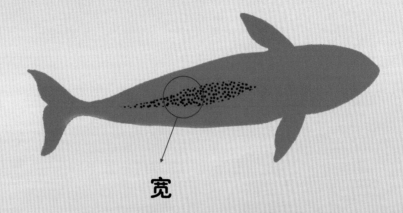

宽

东亚江豚/窄脊江豚

背部有较低矮的窄条背脊，背脊上分布着线状结节。

（生活在海洋）

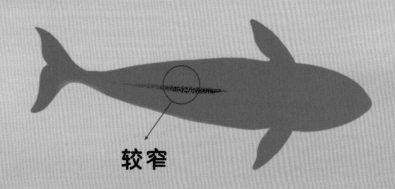

较窄

长江江豚/窄脊江豚

体型相对较小，背部疣粒区最窄。

（生活在淡水）

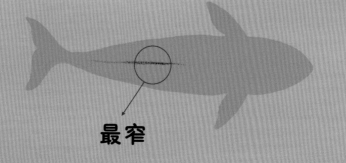

最窄

鲸豚一家亲

　　因为江豚圆滚滚的样子，人们习惯把我们称江猪。一些古代的图画中就直接把江豚画成一只黑猪，最著名的当属明代的《三才图会》。

　　"我们是江猪？咋又跟老鼠有关了？我可不喜欢被叫老鼠！"今天被其他小伙伴叫老鼠，我有点不开心。

明代《三才图会》

江猪or老鼠？

江猪是我们最熟悉的江豚别称。

爸爸说："儿子，其实在分类学上，我们江豚属于鲸目鼠海豚科。就是人类把所有的鲸、海豚和鼠海豚都归为鲸目。"

"原来我们跟大鲸有关系啊！这可比老鼠威风多了！"

我一瞬间就开心起来。

爸爸说："来来，我给你讲讲鲸目的分类吧。"

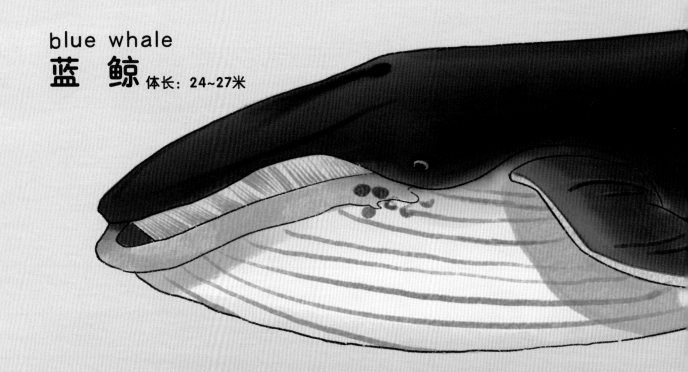

blue whale

蓝 鲸 体长：24~27米

fin whale

长须鲸
体长：18~22米

原来，鲸目内有两个亚目，须鲸亚目和齿鲸亚目。

须鲸亚目包括这些大块头们：蓝鲸、灰鲸、座头鲸、长须（鲸）、小鳁（鲸）、露脊鲸等。

蓝鲸是目前公认的地球上最大的动物，最大记录个体长33米，体重160吨，因背部呈蓝灰色而得名。

齿鲸亚目中有真海豚、鼠海豚和虎鲸等。

虎鲸（鲸目—齿鲸亚目—海豚科—虎鲸属）长约10米，是海豚科中最大的物种。

humpback whale
座头鲸
体长：12.9~18米

killer whale
虎 鲸 体长：8.5~9.8米

bottlenose dolphin
瓶鼻海豚 体长：1.9~3.9米

我在这里！
Yangtze finless porpoise
长江江豚 体长：1.5~1.8米

鼠海豚

"那最小的是我们鼠海豚科？"我迫不及待地追问着。爸爸点点头。我们经常成群结队地旅行，一是为了安全，二是为了更好地寻找食物。我们江豚跟所有鲸目动物都是哺乳动物，靠肺呼吸，需要浮出水面通过气孔换气。

千百年适应性演化，我们适应了淡水环境，长江江豚成为独立的物种。长江江豚是鼠海豚中目前唯一的淡水种，是中国特有的淡水鲸类，也是长江生态系统的旗舰物种。

哦，原来我们是这么特别的存在！

"爸爸，为什么我们没有像鱼儿们一样有那么多的兄弟姐妹？"

　　爸爸笑了起来，"鲸豚的生育率低，一般一次只生一个孩子，我们的孕期要11~12个月，据说虎鲸妈妈要怀18个月。"

　　原来如此啊！

第三章 命运共同体

长江生态圈

"我们都有一个家，名字叫'长江'，兄弟姐妹都很多，景色也不错……江小丫快过来，今天我给你介绍我们周边的朋友们。"

"哥哥，你快来啊！你答应给我讲讲长江的故事，不许赖皮。"
江小丫奶声奶气地对我说。

神奇的大自然中每个物种都有自身的功能特性，地球为我们的生存提供营养物质、阳光、空气、水、适宜的温度和一定的生存空间。

 # 长江淡水生态系统食物链

"我们江豚在长江处于食物链的顶端，长江里的动物没有谁能把我们吃了的，是不是很厉害？"

"长江淡水生态系统不仅包括水域生态系统，还有湿地生态系统，其中生活着各种生物，既有自我调节的能力，又互相依存，是一个统一的整体。微小如细菌、藻类，普通如小虾，都有自己的位置，大家和谐共生。"

都是长江的孩子

"哥哥，那是谁呀？"

江小丫盯着远处游过来的鱼群好奇地问。

鱼开口说话了："我们是生活在长江武汉江段的团头鲂，人们又称我们为武昌鱼。"

"旁边那几位跟你们长得可不一样。"江小丫说。

一位头大嘴扁、长着8根胡须、身体瘦长、皮肤发黄的鱼说："Hi，我是黄颡鱼，你是江豚？"

"你好，我叫江小丫！"

"江小丫，欢迎你加入我们长江小伙伴的朋友圈！"黄颡鱼甩了甩它标志性的8根胡须说，"在这个朋友圈里，还有胭脂鱼、暗纹东方鲀、中华绒螯蟹、白鹭、白鹤、小天鹅、江鸥鸟……"

"还有还有，长江口的鳗鲡、松江鲈都在朋友圈里呢！"武昌鱼补充说道。

"太棒了，好开心认识你们！"

江小丫激动地原地打了个转，尾巴在水中拍起小水花。

最近，朋友圈里收到江豚受伤的信息，江豚湾里不平静了，小伙伴们都有点心神不宁。

我打开新闻，画面令人揪心……

在鄱阳湖西北水域，发现一头被大钩刺穿了背部的江豚，江豚的皮肤已经出现了化脓红肿的现象，很可能危及生命。该江豚名叫康康，目前，科学家正赶往事发现场，前去救护。

江豚康康应该是被滚钩所伤。滚钩可是我们江豚的噩梦，这可怕的渔具，在一条长几十米的尼龙绳上密密麻麻挂着成百上千个锋利的大铁钩，我们江豚碰上可就……一命呜呼了！

科学家在事发地周边四处寻找康康。
难过的是，找寻了五天还是没能见到康康……

江猪拜风

　　这件事，让我有点困惑，"那人类和我们到底是什么关系呢？互相依存还是相爱相杀？"

　　因为我还清晰地记得"江猪拜风"，那是一个充满温情的故事。

　　我们和渔民的关系特别友好，大雨来临前，受大气压的影响，我们迎着波涛顶风出水，渔民就知道"江猪拜风，天气要变，不能出江打渔了"，我们能预告暴风雨来袭，告知渔民风险。

给人类的公开信

人类对长江的过度利用对自然生态环境产生非常大的影响，滥捕乱捞造成食物链断裂、生态圈紊乱，无数生命濒临消失。

"这话我都憋了好久了！"中华鲟抖动着下颌的4根须："我们和恐龙生活在同一时期，是地球上古老的脊椎动物，是鱼类共同祖先——古棘鱼的后裔，距今大约有一亿四千万年的历史。我们自身具有一系列原始特征，在鱼类演化史中具有极其重要的地位。虽然我现在是长江中最大的鱼，号称'长江鱼王'，但是长江鱼类的数量急剧下降，我们没有更多的食物可维持生存……"

白鲟

2022年7月21日，世界自然保护联盟（IUCN）发布全球物种红色名录更新报告，宣布白鲟灭绝。

"就是就是！"扁头和大嘴巴的松江鲈忙不迭地点头，两鳍就像舞动起来的两把蒲扇。

"我们是历经大江小河，从东海洄游到长江的鱼儿。我们跟中华鲟有相同的命运！"鳗鲡扭动着身体也附和着。

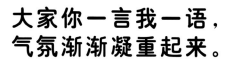

大家你一言我一语，气氛渐渐凝重起来。

"大家的心情我都能理解，我也一直在想我们和人类的关系。人类和我们都是生态圈的一部分，我们都是长江的孩子，应该是相亲相爱一家人。"

我一语打破了尴尬的沉默，大家提议："我们一起给人类写封信吧！"

人类朋友：

展信佳！

我们是长江里的小伙伴。长江是我们共同的家园，是生物多样性最典型的生态河流，也是众多珍稀濒危水生野生动物的重要栖息地。

据统计，长江流域现有水生生物4 300多种，其中，鲸类2种、鱼类440余种、两栖爬行类311种，还有大量的无脊椎动物、浮游生物和水生植物。其中，许多物种都是长江所特有的种类。或许从数字上你们觉得我们家族很庞大，但是由于长江遭到过度开发、严重破坏，我们中有的伙伴已经永远从地球上消失了。

生命脆弱而伟大，虽然灭绝本身是一种自然现象，但如果人类继续破坏生态系统，将会有更多可爱的生灵濒临灭绝。

请你们同情、理解、尊重乃至保护每一种生命存在！

希望你们不再污染我们生活的水域。

希望你们不在破坏我们栖息生活的环境。

希望恢复和改善长江生态环境，共同保护人与动植物和谐相处的家园……

来自长江里小伙伴们的呐喊

第四章　江豚趣味知识

 知 识 超 市 1

认识江豚

① 认识江豚的身体特征

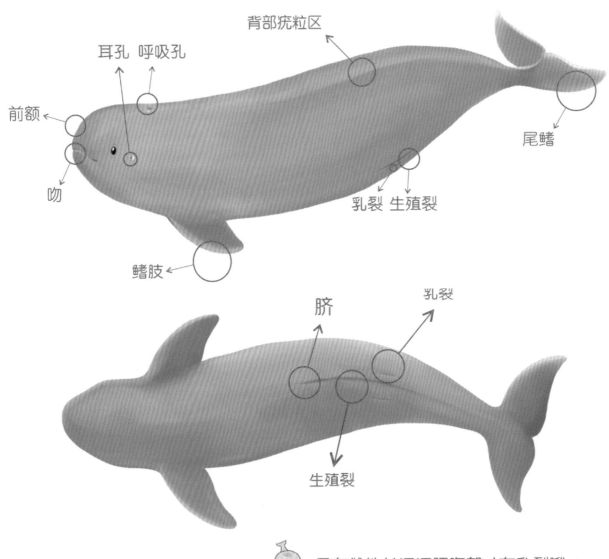

背部疣粒区

耳孔　呼吸孔

前额

吻

鳍肢

尾鳍

乳裂　生殖裂

脐

乳裂

生殖裂

只有雌性长江江豚腹部才有乳裂哦！

2 见到遇险的江豚，正确的做法应当是：

(在成人的帮助下进行)

1. 当遇到被渔网缠住或搁浅的江豚：

A. 拨打当地渔业部门电话或110，等待专业人员救助。

B. 利用手头的各种刀具，将缠绕江豚的渔网割破。

C. 与我无关，不去管闲事。

2. 下面哪副是运送江豚的担架：

A. 　　B.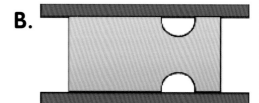

3.王小萌同学和家人去江边散步，发现岸边的卵石上，有一头搁浅的江豚，进行救助正确的做法有：

A. 拨打电话:110。

B. 抓住江豚的尾部，拖离卵石区。

C. 双手伸入江豚的腹部，将其抱起，放在沙摊上，并在身体下挖个坑。

D. 用湿毛巾盖住江豚露出的背部，时常用水淋江豚的背部。

E. 等待专业人员的到来。

你选的对吗？请到封三寻找答案吧！

江豚的伙伴们

胭脂鱼

它生活在长江，大家喜欢称它为亚洲美人鱼。人们还赋予它"一帆风顺"的美誉。

国家二级保护野生动物。

松江鲈

侧线上有37个黏液孔　　　　　体表无鳞

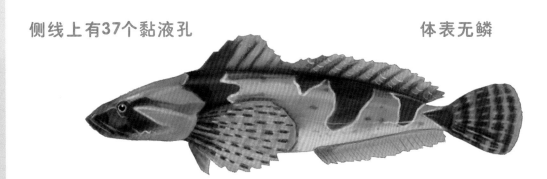

松江鲈是杜父鱼科、松江鲈属鱼类。生活在中国长江口附近，身较黑，又名四鳃鲈、花媳妇。昼伏夜出，以水中昆虫、虾类和鱼类等为食，比较凶猛。有洄游习性，在淡水中生长、肥育，到河口近海繁殖。

长江"四大家鱼"——青鱼

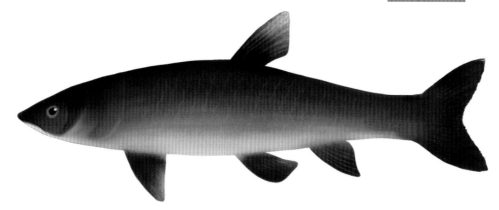

　　青鱼又叫黑鲩，全身有较大的灰黑色鳞片。青鱼鳞片大而粗。青鱼主要分布于我国长江以南的平原地区。它是长江中、下游和沿江湖泊里的重要渔业资源。

长江"四大家鱼"——草鱼

　　草鱼身体长而"秀气"，体色为青黄色，腹部略显白色。草鱼背鳍、胸鳍、腹鳍和尾鳍都比青鱼小而短。草鱼栖息于平原地区的江河湖泊，一般喜居于水的中下层和近岸多水草区域。性活泼，游泳迅速，常成群觅食，为典型的草食性鱼类。

长江"四大家鱼"——鲢鱼

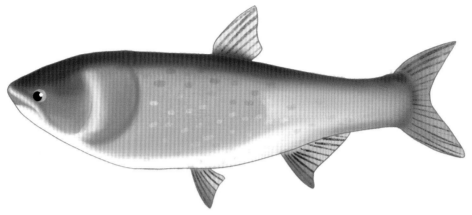

  鲢鱼又叫白鲢。在水域的上层活动，吃绿藻等浮游植物。属于鲤形目鲤科。体形侧扁、稍高，呈纺锤形，背部青灰色，两侧及腹部白色。头长占体长的1/4。营养丰富，是较宜养殖的优良鱼种之一。

长江"四大家鱼"——鳙鱼

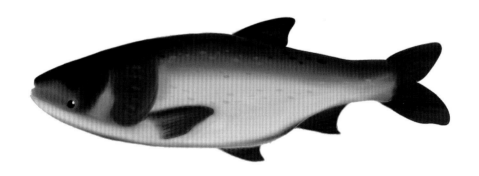

  鳙鱼又叫花鲢、黄鲢、胖头鱼。咽齿呈杓形，齿面光滑。鳞细小。性温顺，行动迟缓。主要以浮游动物为食。头比鲢鱼的头要大得多，头长占体长的1/3。故又名胖头鱼。背面暗黑色，并有不规则黑点，俗称花鲢。它有"水中清道夫"的雅称。

花鳗鲡 mánlí

喜欢昼伏夜出，爱吃鱼、虾、蟹、蛙及其他小动物

可以较长时间离开水中，到芦苇丛中捕食

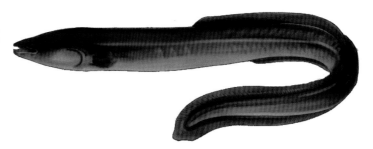

花鳗鲡是一种典型的降河洄游鱼类，也叫芦鳗、雪鳗。它生长在河口、沼泽、河湖等地。性情凶猛，体壮有力。性成熟后便从江河的上、中游移向下游，群集在河口处游入海，到海洋中去产卵繁殖。孵出的幼体浮游向大陆，在进入河口前变成像火柴杆一样的白色透明鳗苗，再逆流而上，返回大陆淡水江河成长。

扬子鳄

鳞片上有很多颗粒状和带状纹路

四肢粗短，身长1~2米

头部扁平，眼睛是土色，嘴巴突出

扬子鳄是中国长江流域特有的爬行动物，在地球上已有2亿年的生存历史，一般白天隐居在洞穴中，夜间才外出觅食。因为它喜欢挖穴打洞，民间也叫它"土龙"。

国家一级保护野生动物。

中华秋沙鸭

头部具有厚实的羽冠

嘴长而窄，颜色鲜红，
尖端黄色有点小钩

两胁羽片有鳞状纹特征

　　中华秋沙鸭属于国家一级保护野生动物，是第三纪冰川期后残存下来的活化石物种，距今已有1 000多万年的生存历史。中国是中华秋沙鸭的主要栖息地，从2002年起中华秋沙鸭被列入世界自然保护联盟濒危物种红色名录，等级为濒危（EN），全球仅存不足1 000只。

麋鹿

　　俗称"四不像"。

　　面似马非马，角似鹿非鹿，尾似驴非驴，蹄似牛非牛。

　　麋鹿是偶蹄目鹿科麋鹿属哺乳动物，原产于中国长江中下游沼泽地带，性情温顺，以青草和水草为食物。

　　国家一级保护野生动物。

救护江豚在行动

江小豚：同学们，大家阅读了解了我们长江江豚和江豚家族的很多知识，试着搜集、查阅救护江豚相关新闻资料，写一写你的思考！

救护江豚在行动

时间	地点	救护方式是否成功	我的思考

图书在版编目 (CIP) 数据

你好，长江江豚 / 周晓华主编；高宝燕执行主编.
—北京：中国农业出版社，2023.10
ISBN 978-7-109-31141-1

Ⅰ.①你… Ⅱ.①周…②高… Ⅲ.①长江流域—水
生动物—动物保护—青少年读物 Ⅳ.①Q958.8-49

中国国家版本馆CIP数据核字 (2023) 第180508号

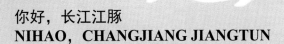

你好，长江江豚
NIHAO，CHANGJIANG JIANGTUN

中国农业出版社出版

地址：北京市朝阳区麦子店街18号楼
邮编：100125
责任编辑：杨晓改 李文文
责任校对：吴丽婷
印刷：北京通州皇家印刷厂
版次：2023年10月第1版
印次：2023年10月北京第1次印刷
发行：新华书店北京发行所
开本：880 mm×1230 mm 1/16
总印张：11
总字数：250 千字
总定价：180.00 元（共3册）